最愛口金包

艾娜娜◎著

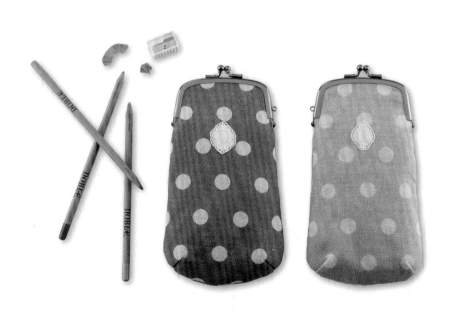

飛天手作

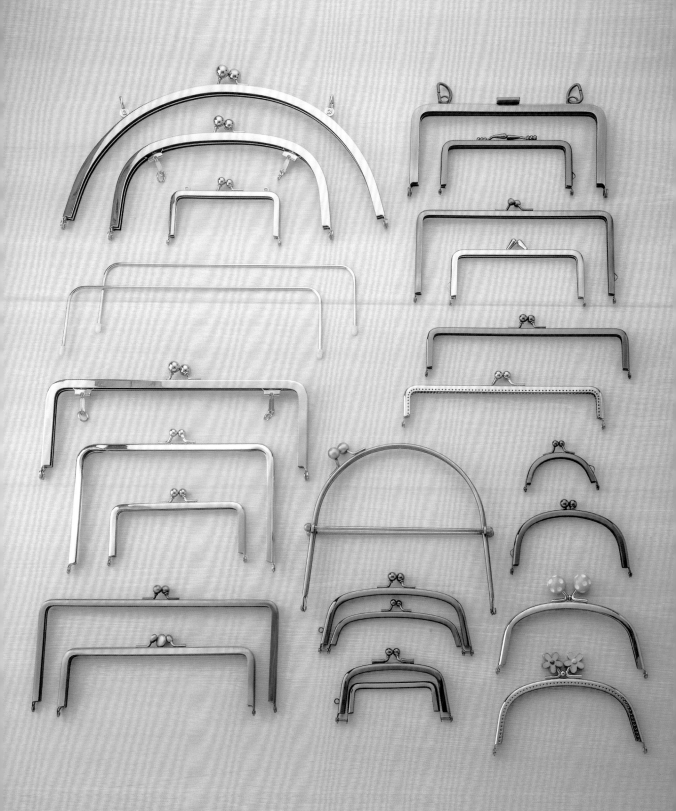

PS：如需口金購買訊息，歡迎來信諮詢。

作 者 序
PREFACE

　　記憶中跟著媽媽逛菜市場，看著媽媽拿出口金包結帳時，心裡覺得這個小包包好特別喔！上面有兩個可愛的小豆豆，關閉的時候，還會發出清脆的聲響。玩扮家家酒的時候，也會偷偷的把媽媽的口金包拿來玩，這美好的回憶，讓我從小就對口金包產生莫名的好感。

　　開始學習拼布後，在老師的指導下，完成第一個口金包時，看著手中小巧可愛的口金包，小時候幸福的感受頓時湧上心頭，這樣的感覺，讓我深深愛上口金包的製作，也更努力的學習。這幾年間不斷製作許多不同款式的口金包，送給身邊的至親好友，大家喜歡我的作品，是我做拼布的最大原動力。

　　拼布的學習是無止盡的，我會帶著一如以往的熱情，繼續學習下去。

艾娜娜

目錄 CONTENTS

大型包
Chapter 3

迷你口金零錢包

尺寸　高8×寬6cm

作法　P.08

紙型　A面

迷你口金製作的袖珍感包型，
收納著微小且珍貴的心意。

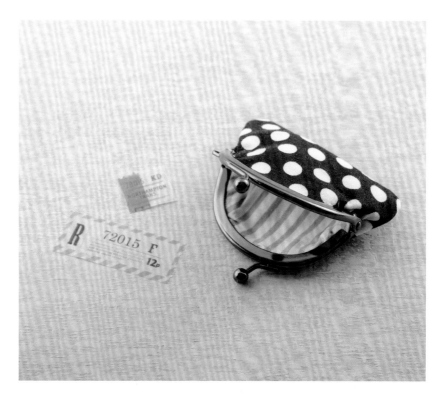

{材料} 縫份已內含

口金　6cm×3.5cm（高）

依紙型剪裁　袋身表布×2

依紙型剪裁　袋身裡布×2

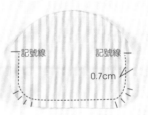

依紙型剪裁　袋身表布厚布襯×2

牛皮紙紐繩　實際長度依口金尺寸而定

{步驟} 襯棉類於車縫前事先燙好

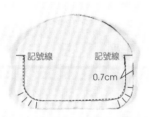

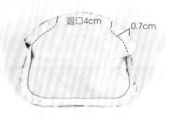

1　表布袋身兩片正面相對，由記號線開始車縫0.7cm至另一側記號線，圓弧處剪牙口。

2　裡布袋身兩片正面相對，由記號線開始車縫0.7cm至另一側記號線，圓弧處剪牙口。翻至正面。

3　裡布袋身放入表布袋身中，上方留返口4cm，袋口車縫0.7cm一整圈。由返口翻至正面，返口藏針縫縫合。

4　袋口車縫0.3cm一整圈，固定表／裡布。

5　口金黏合。（黏合方式請參照P.19作法10-14）

6　完成。

直式環保筷套

尺寸　長20.5×寬6.5×厚4cm

作法　P.11

紙型　A面

利用口金的寬度作為袋身的寬度，
實際製作時，長度可依筷子尺寸再調整。
細長的袋身不佔包包內的空間，欲撈取時辨識度高，非常實用。

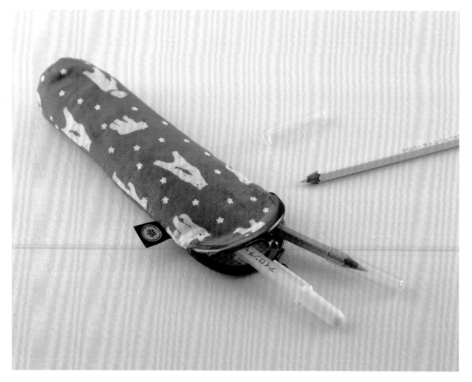

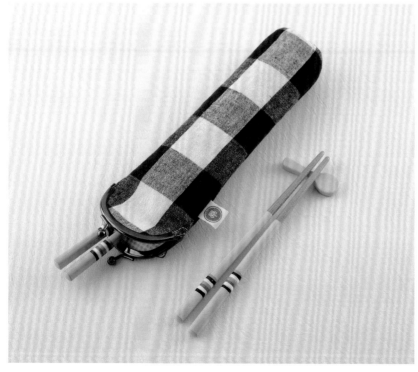

{材料} 縫份已內含

口金　6cm×3.5cm（高）
側標　1個

依紙型A裁剪　袋身表布×2

依紙型A裁剪　袋身裡布×2

依紙型B裁剪　袋底表布×1

依紙型B裁剪　袋底裡布×1

依紙型A裁剪　袋身表布厚布襯×2

依紙型B裁剪　袋底表布厚布襯×1

牛皮紙紐繩　實際長度依口金尺寸而定

{步驟} 襯棉類於車縫前事先燙好

3cm
0.5cm

1 將側標車縫0.5cm固定在表布袋身右側。

記號線
0.7cm

2 表布袋身兩片正面相對，記號線以下車縫0.7cm，固定兩側。

中心點

3 找出表布袋身的前、後片底部中心點及袋底4個等分記號點。

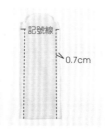

4 表布袋身與袋底正面相對，對齊記號點，車縫0.7cm固定，圓弧處剪牙口。

5 裡布袋身兩片正面相對，記號線以下車縫0.7cm，固定兩側。

6 找出裡布袋身的前、後片底部中心點及袋底4個等分記號點。

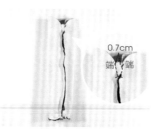

7 裡布袋身與袋底正面相對，對齊記號點，車縫0.7cm固定，圓弧處剪牙口。翻至正面。

8 裡布袋身放入表布袋身中，正面相對，其中一側記號點以上未車縫的部分（端到記號點），車縫0.7cm，固定表／裡布。同法完成另三側的車縫。

9 翻至正面，袋口車縫0.3cm一整圈，固定表／裡布。

10 黏合口金。（黏合方式請參照P.19作法10-14）

11 完成。

四片組合式口金包

尺寸　高9×寬16×厚8cm

作法　P.15

紙型　A面

以四片版型拼接成色塊對稱、空間加大的圓胖袋底，
捧在手上恰到好處的尺寸，使用起來更加順手愉快。

{材料} 縫份外加0.7cm／除非特別註明

口金　10cm×5.7cm（高）
蕾絲片　1片

依紙型A裁剪　袋身花布×2

依紙型B裁剪　側袋身素布×2

依紙型A裁剪　袋身裡布×2

依紙型B裁剪　側袋身裡布×2

依紙型A裁剪　袋身花布燙棉×2
（不外加縫份）

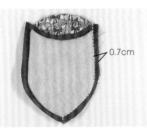

依紙型B裁剪　側袋身表布燙棉×2
（不外加縫份）

牛皮紙紐繩　實際長度依口金尺寸而定

{步驟} 襯棉類於車縫前事先燙好

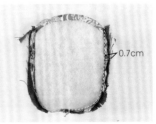

1　其中一片表布袋身與表布側袋
　身正面相對，由上端布邊開
　始車縫0.7cm至底部尖點，圓
　弧處剪牙口。同法完成另一組
　的表布袋身與表布側袋身的車
　縫。

2　取其中一組的袋身／側袋身組
　合，縫上蕾絲片。

3　將完成的兩組袋身／側袋身組
　合正面相對，同樣由上端布邊
　開始車縫0.7cm至底部尖點，
　圓弧處剪牙口。

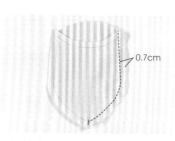

4 表布袋身組合完成後，確認底部有做出四個尖點。翻至正面。

5 其中一片裡布袋身與裡布側袋身正面相對，由上端布邊開始車縫0.7cm至底部尖點，圓弧處剪牙口。同法完成另一組的裡布袋身與裡布側袋身的車縫。

6 同「步驟3」的組合方式，完成裡布袋身的組合。確認底部有做出四個尖點。

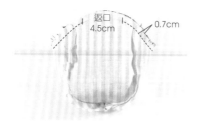

7 表布袋身放入裡布袋身中，正面相對，其中一側的袋身上方留返口4.5cm，袋口車縫0.7cm一圈，圓弧處剪牙口（返口處不需要剪牙口）。由返口處翻至正面，返口藏針縫縫合。

8 袋口車縫0.3cm一整圈，固定表／裡布。

9 袋身與口金黏合前，先找出側袋身袋口的中心點，口金接合處對齊側袋身的中心點。

10 黏合口金。（黏合方式請參照P.19作法10-14）

11 完成。

水玉球球口金包

尺寸　高13.5×寬16.5×厚6cm

作法　P.18

紙型　A面

如彈珠般的水玉口金轉釦討喜可愛，
與其呼應的袋身，膨膨的圓弧度
創造出比想像中更大的收納量。

口金　12cm×6cm（高）

依紙型A裁剪　袋身表布×2

依紙型B裁剪　袋底表布×1

依紙型A裁剪　袋身裡布×2

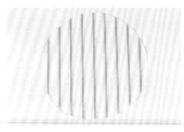
依紙型B裁剪　袋底裡布×1

依紙型A裁剪　袋身表布厚布襯×2

依紙型B裁剪　袋底表布厚布襯×1

牛皮紙紐繩　實際長度依口金尺寸而定

〔步 驟〕 襯棉類於車縫前事先燙好

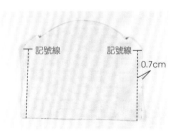

1 表布袋身兩片正面相對，記號
線下車縫0.7cm，固定兩側。

2 表布袋底4個等分記號點與袋
身底部中心點及側邊對齊。

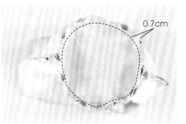

3 袋身與袋底車縫0.7cm固定。
※提醒：袋身會比袋底寬一些，
以記號點分區對齊固定，袋身隨
意打褶，完成縮小與袋底同寬。

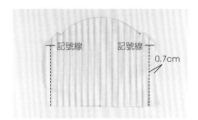

4　裡布袋身兩片正面相對，記號線下車縫0.7cm，固定兩側。

5　裡布袋底4個等分記號點與袋身底部中心點及側邊對齊。

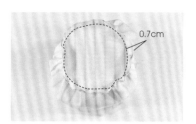

6　同「步驟3」車縫0.7cm，固定袋身與袋底。翻至正面。

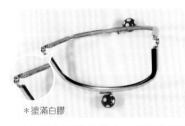

7　裡布袋身放入表布袋身中，正面相對，其中一側記號點上方未車縫的部分（端到記號點），車縫0.7cm，固定表／裡布。同法完成另三側的車縫。

8　翻至正面，袋口車縫0.3cm一整圈，固定表／裡布。

9　口金黏合。

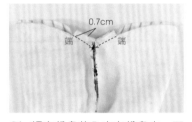

＊塗滿白膠

10　將白膠塗入其中一側口金溝槽中，可以使用錐子將白膠均勻地塗滿整個溝槽，也可將多餘的白膠刮除。

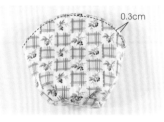

11　兩側口金接合處，要分別對齊袋身前、後片的接合處，將袋身塞入口金頂端，塞的過程中，可以使用長夾夾住袋身與口金，避免分離。
※提醒：需隨時注意口金接合處與袋身接縫處，保持對齊。

12　牛皮紙紐繩塗抹一些白膠，由口金開口處塞入，塞入時，可用一字螺絲起子幫忙將紐繩推入口金中一半的位置。
※提醒：紐繩為固定口金之功用，避免將其推至口金頂端。

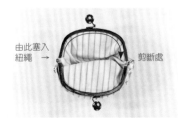

由此塞入紐繩→　　　剪斷處

13　牛皮紙紐繩由口金開口處塞入至另一端口金開口處並剪斷，稍置放5～10分鐘，再進行另一側的口金黏合。

14　口金開口處用布包住，再用平口鉗用力夾扁口金開口處約1cm，同法夾扁其餘三側的口金開口處。完成後，口金請保持打開狀態，靜置約半天的時間再合起來。

15　完成。

名片夾零錢包

尺寸　高7.5×寬12cm

作法　P.22

紙型　A面

小小的夾包內充滿細節，扇形的蛇腹在拿取東西時
可適度展開十分方便，置中作為分層的拉鍊口袋，
讓零錢或小物不易散落出來，更加妥當。

口金　12cm×5.4cm（高）
尼龍拉鍊　10cm×1條

依紙型A裁剪　袋身表布×1

依紙型A裁剪　袋身裡布×1

依紙型B裁剪　蛇腹裡布×2

依紙型C裁剪
拉鍊口袋紅格子布×2

依紙型A裁剪　袋身表布厚布襯×1

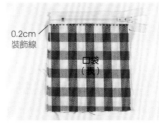

依紙型B裁剪　蛇腹裡布薄布襯×2　牛皮紙紐繩　實際長度依口金尺寸而定

〈步驟〉 襯棉類於車縫前事先燙好

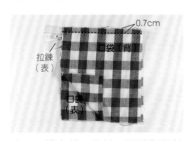

1　口袋布前、後片正面相對與拉鍊夾車，車縫0.7cm固定。

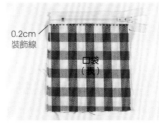

2　將口袋翻至正面，車縫0.2cm裝飾線，同法完成另一側的口袋布與拉鍊車縫。

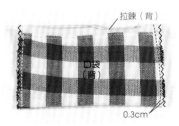

3　拉鍊口袋布正面相對對折，布邊車縫0.3cm固定，將多餘的拉鍊布剪掉，車縫鋸齒狀包邊。翻至正面。

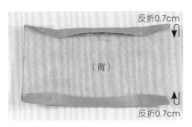

4 蛇腹長邊往內反折0.7cm。

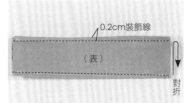

5 蛇腹對折，兩側車縫0.2cm裝飾線。

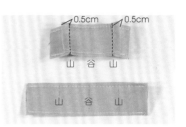

6 將紙型上的山、谷記號線畫在蛇腹上，山的部分先對折，分別車縫0.5cm固定。同法完成另一份蛇腹的車縫。

7 兩份蛇腹谷的部分分別夾住拉鍊口袋的左、右兩側，上端對齊，車縫0.5cm固定。

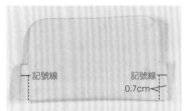

8 表布袋身正面相對對折，記號線以下車縫0.7cm固定。

9 裡布袋身正面相對對折，記號線以下車縫0.7cm固定。翻至正面。

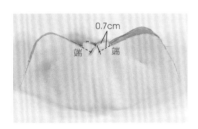

10 裡布袋身放入表布袋身中，其中一側記號點以上未車縫的部分（端到記號點），車縫0.7cm，固定表／裡布。同法完成另三側的車縫。翻至正面。

11 先車縫一側袋口0.3cm，固定表／裡布。同法完成另一側袋口車縫。

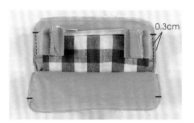

12 依紙型上的蛇腹位置記號，車縫0.3cm固定同一側左、右兩端的蛇腹於袋身上。同法完成另一側蛇腹的車縫固定。

13 口金黏合。（黏合方式請參照P.19作法10-14）

14 完成。

直式手機
口金包

符合市面上智慧型手機的長方形尺寸，恰好的口金高度，
讓手機不會輕易掉出，附加的皮革提把，只要隨手一拎就能輕便出門。

＊附加前口袋之設計

尺寸　高18×寬11×厚1.5cm

作法　P.25

紙型　A面

{材料} 縫份已內含

a. 口金　10.5cm×5.4cm（高）
b. 魔鬼氈　1.2cm×2cm×1組
c. 皮革提把　0.5cm×22cm×1條

依紙型A裁剪　袋身表布×2

依紙型A裁剪　袋身裡布×2

依紙型B裁剪　口袋花布×1

依紙型B裁剪　口袋裡布×1

依紙型A裁剪　袋身表布燙棉×2

牛皮紙紐繩　實際長度依口金尺寸而定

{步驟} 襯棉類於車縫前事先燙好

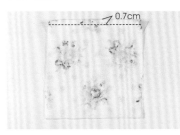

1 口袋花布與裡布正面相對，袋
口車縫0.7cm固定。

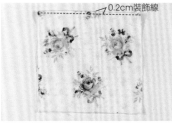

2 翻至正面，於口袋袋口車縫
0.2cm裝飾線。

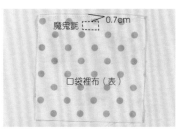

3 口袋裡布袋口往下0.7cm固定
魔鬼氈，車縫0.2cm一圈。

 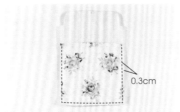 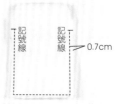

4 前片袋身袋口往下7cm固定魔鬼氈，車縫0.2cm一圈。

5 將口袋車縫0.3cm凵型固定在前片袋身上。

6 表布袋身兩片正面相對，記號線下車縫0.7cm，固定左、右兩側及底部。

 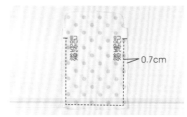 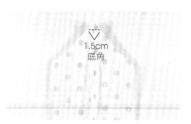

7 摺出1.5cm底角，車縫固定。同法完成另一側底角車縫。

8 裡布袋身兩片正面相對，記號線下車縫0.7cm，固定左、右兩側及底部。

9 摺出1.5cm底角，車縫固定。同法完成另一側底角車縫。翻至正面。

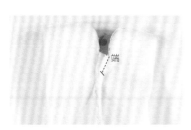 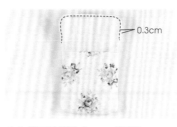 

10 裡布袋身放入表布袋身中，正面相對，其中一側記號點上方未車縫的部分（端到記號點），車縫0.7cm，固定表／裡布。同法完成另三側的車縫。翻至正面。

11 袋口車縫0.3cm一整圈。

12 縫上裝飾蝴蝶結或是喜愛的裝飾品。

13 口金黏合。（黏合方式請參照P.19作法10-14）

14 完成。

手縫眼鏡口金包

可全手縫完成的鋪棉口金包,提供保護眼鏡的基本安全性,
布料與縫線間的顏色搭配,也能為包款帶來畫龍點睛的效果。

尺寸	高7×寬18.5×厚5cm
作法	P.28
紙型	A面

{材料} 縫份外加0.7cm／除非特別註明

手縫口金　17.5cm×3.7cm（高）

依紙型A裁剪　袋身表布×1

依紙型A裁剪　袋身裡布×1

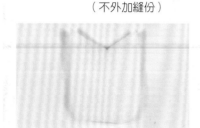

依紙型A裁剪　袋身表布燙棉×1
（不外加縫份）

依紙型B裁剪　側袋身表布×2

依紙型B裁剪　側袋身裡布×2

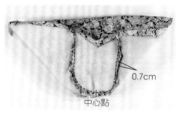

依紙型B裁剪　側袋身表布燙棉×2
（不外加縫份）

{步驟} 襯棉類於車縫前事先燙好

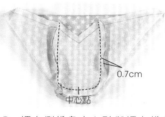

1　表布側袋身中心點與表布袋身中心點相對，兩端上方對齊，車縫0.7cm固定。同法完成另一側的車合。

2　裡布側袋身中心點與裡布袋身中心點相對，兩端上方對齊，車縫0.7cm固定。同法完成另一側的車合。翻至正面。

3　裡布袋身放入表布袋身中，上方留返口6cm，袋口車縫0.7cm一整圈。完成後，側袋身的V型部分剪牙口。由返口翻至正面，返口藏針縫縫合。

4　袋口車縫0.3cm一整圈，固定表／裡布。

5　口金縫合。（縫合方式請參照P.54作法7-9）

6　完成。

隨身成套餐具夾

裝得下雙人份餐具的寬版夾包,能完全攤平的俐落設計,
在每一次使用時都能充分感受。

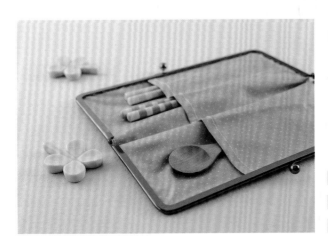

尺寸　高10×寬21.5cm

作法　P.30

紙型　A面

〈材料〉 縫份已內含

口金　21.4cm×9.3cm（高）
布標　1枚

依紙型A裁剪　袋身表布×1

依紙型A裁剪　袋身裡布×1

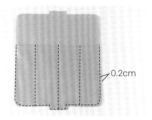

依紙型B裁剪　口袋裡布×1

牛皮紙紐繩　實際長度依口金尺寸而定

〈步驟〉

1　車縫布標於表袋身表布上。

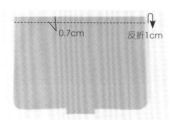

0.7cm　　反折1cm

2　口袋布袋口往內反折1cm，車縫0.7cm固定。

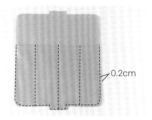

0.2cm

3　口袋的左、右兩側及底部車縫0.2cm固定在裡布袋身上。中心部分車縫一道隔間，其餘的隔間則隨個人喜好車縫。

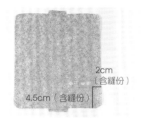

0.7cm

4　表布袋身與裡布袋身正面相對，上、下方凸出的部分車縫0.7cm固定。

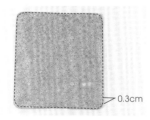

0.3cm

5　翻至正面，布邊車縫0.3cm一整圈。

6　口金黏合。（黏合方式請參照P.19作法10-14）

7　完成。

多層護照夾

恰好框住護照的尺寸，密密地守護著內部的重要票卡。
分層口袋一目了然，分類清楚，讓每趟旅程通關時皆從容自在。

尺寸	高18.5×寬12cm
作法	P.32
紙型	A面

｛材 料｝　縫份已內含

a. 口金　18.5cm×11.5cm（高）
b. 尼龍拉鍊　10cm×1條
c. 布標　1枚

依紙型A裁剪　袋身表布×1

依紙型B裁剪　前片口袋表布×1

依紙型A裁剪　袋身裡布×1

依紙型C裁剪　拉鍊口袋裡布×2

依紙型D裁剪　信用卡夾層裡布×1

依紙型A裁剪　袋身表布中厚襯×1

牛皮紙紐繩　實際長度依口金尺寸而定

｛步 驟｝　襯棉類於車縫前事先燙好

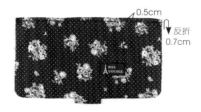

1　前片口袋袋口車縫鋸齒狀包邊。車縫布標。

2　前片口袋袋口往內反折0.7cm，車縫0.5cm固定。

3　前片口袋左、右兩側及底部車縫0.3cm固定於表布袋身上。

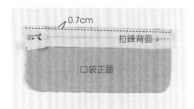

4 拉鍊口袋裡布與拉鍊正面相對，車縫0.7cm固定。

5 翻至正面，口袋袋口車縫0.2cm裝飾線。同法完成另一側的拉鍊車縫。

6 拉鍊口袋背面相對對折，布邊車縫0.3cm固定在裡布袋身上。

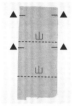

7 信用卡夾層裡布依紙型D的位置標示記號線。

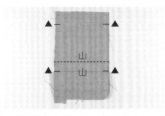

8 記號線山對折，對齊上方▲記號線位置。

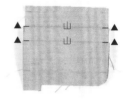

9 第二條記號線山對折，對齊上方▲記號線位置。

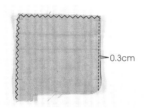

10 信用卡夾層的左側及上方車縫鋸齒狀包邊。右側則車縫0.3cm固定。

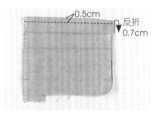

11 信用卡夾層上方反折0.7cm，車縫0.5cm固定。

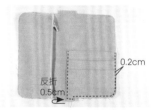

12 信用卡夾層左側往內反折0.5cm，左、右兩側及底部車縫0.2cm固定在裡布袋身上。

13 表布袋身與裡布袋身正面相對，凸出的部分車縫0.7cm固定。

14 翻至正面，布邊車縫0.3cm一整圈，固定表／裡布。

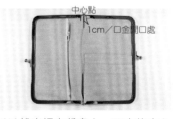

15 找出裡布袋身上、下方的中心點，中心點左、右各1cm做記號。口金開口處要對齊中心點左、右的1cm記號點。

16 黏合口金。（黏合方式請參照P.19作法10-14）

17 完成。

內隔間雙層筆袋

尺寸　高20.5×寬13cm

作法　P.36

紙型　A面

袋底打褶的版型擴充了肚量，
長型袋身讓可收納的文具尺寸更有彈性，
利用布標壓上標誌更有個性。

{材料} 縫份已內含

口金　9.6cm×5.2cm（高）
布標　1枚

依紙型A裁剪　袋身表布×4
（兩片燙上厚布襯，以下稱為表布
袋身）
（兩片未燙上厚布襯，以下稱為裡
布袋身）

依紙型B裁剪　夾層袋身花布×2

依紙型A裁剪　袋身表布厚布襯×2

依紙型B裁剪　夾層袋身厚布襯×2

牛皮紙紐繩　實際長度依口金
尺寸而定

{步驟} 襯棉類於車縫前事先燙好

1　取一表布袋身車縫布標。

2　對齊表布袋身底部打褶記號
線，車縫固定。同法完成另外
三片袋身打褶車縫。

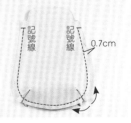

3　兩片表布袋身正面相對，由記
號線開始車縫0.7cm至另一側
的記號線。前、後片袋身下方
的打褶部分要錯開對齊（前片
往外倒，後片的打褶部分就往
內倒）。

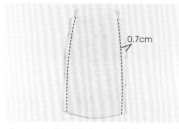

4 　兩片夾層袋身正面相對，兩側
　車縫0.7cm固定。

5 　翻至正面，左、右兩側及上方
　車縫0.3cm固定。

6 　夾層袋身底部中心點對齊其中
　一片裡布袋身的底部中心點，
　袋底車縫0.3cm固定。

7 　兩片裡布袋身正面相對，由記
　號線開始車縫0.7cm至另一側
　的記號線。前、後片袋身下方
　的打褶部分要錯開對齊（前片
　往內倒，後片的打褶部分就往
　外倒）。翻至正面。

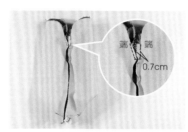

8 　裡布袋身放入表布袋身中，其
　中一側記號點以上未車縫的
　部分（端到記號點），車縫
　0.7cm，固定表／裡布。同法
　完成另三側的車縫。

9 　翻至正面，袋口車縫0.3cm一
　整圈，固定表／裡布。

10 口金黏合。（黏合方式請參照
　P.19作法10-14）
　※提醒：先黏合外側口金，完成
　後，再黏合夾層口金。

11 完成。

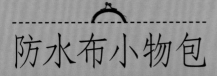

防水布小物包

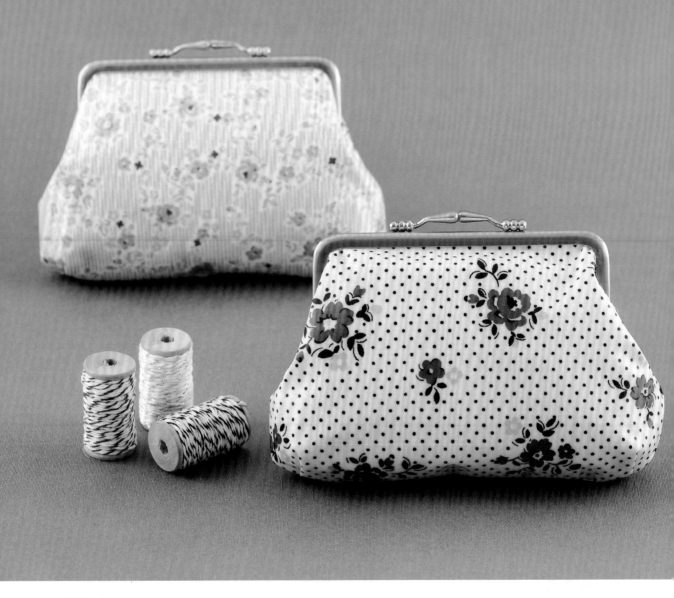

尺寸　高12.5×寬18×厚4cm

作法　P.40

紙型　A面

38

一手掌握的小物收納包，基本除了可作為零錢包外，
略帶厚度也能容得下行動電源等 3C 周邊用品。

{材料} 縫份已內含

口金　12.5cm×5.5cm（高）

依紙型裁剪　袋身表布×2
袋身裡布×2

牛皮紙紐繩　實際長度依口金
尺寸而定

{步驟}

1
對齊表布袋身底部打褶記號
線，車縫固定。同法完成另一
片表布袋身打褶車縫。

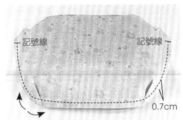

2
表布袋身兩片正面相對，由記
號線開始車縫0.7cm至另一側
的記號線。前、後片袋身下方
的打褶部分要錯開對齊（前片
往內倒，後片的打褶部分就往
外倒）。

3
對齊裡布袋身底部打褶記號
線，車縫固定。同法完成另一
片裡布袋身打褶車縫。

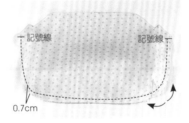

4
裡布袋身兩片正面相對，由記
號線開始車縫0.7cm至另一側
的記號線。前、後片袋身下方
的打褶部分要錯開對齊（前片
往內倒，後片的打褶部分就往
外倒）。翻至正面。

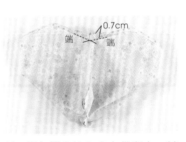

5
裡布袋身放入表布袋身中，其
中一側記號點以上未車縫的
部分（端到記號點），車縫
0.7cm，固定表／裡布，同法
完成另三側的車縫。翻至正
面。

6
袋口車縫0.3cm一整圈，固定
表／裡布。

7
口金黏合。（黏合方式請參照
P.19作法10-14）

8
完成。

袋內袋口金包

想一併整頓大包內眾多必備小物時的袋中袋好選擇，
當臨時更換包包時，俐落轉移整包內袋，就不怕漏帶東西傷腦筋。

尺寸	高12.7×寬19.5×厚4cm
作法	P.42
紙型	A面

口金　18cm×4.5cm（高）

依紙型A裁剪　袋身表布×2

袋底表布　I5.5cm×21.5cm×1片

依紙型A裁剪　袋身裡布×2

袋底裡布　I5.5cm×21.5cm×1片

依紙型B裁剪　內口袋裡布×2

依紙型A裁剪　袋身表布燙棉×2

袋底表布燙棉　I5.5cm×21.5cm
×1片

牛皮紙紐繩　實際長度依口金
尺寸而定

〔步 驟〕 襯棉類於車縫前事先燙好

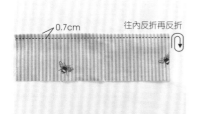

0.7cm　　　往內反折再反折

1 內口袋袋口往內反折1cm，再反折1cm，車縫0.7cm固定。同法完成另一片內口袋車縫。

0.2cm

2 內口袋的左、右兩側及底部車縫0.2cm固定在裡布袋身上，並隨個人喜好車縫隔間。同法完成另一片內口袋與裡布袋身車縫。

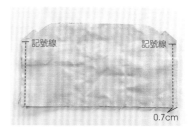

記號線　　　記號線

0.7cm

3 裡布袋身兩片正面相對，記號線以下車縫0.7cm，固定左、右兩側。

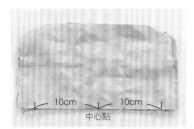

4 裡布袋身底部中心點左、右各10cm做記號。

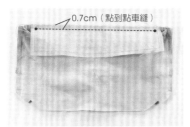

5 裡布袋底與裡布袋身底部正面相對，兩端分別對齊步驟4的10cm記號線，點到點車縫0.7cm固定。

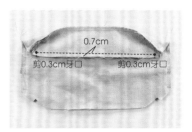

6 同「步驟5」完成另一側長邊的車縫。縫止點處剪0.3cm的牙口。

7 同樣以點到點的車縫方式，兩側短邊車縫0.7cm固定於裡布袋身上。裡布袋身翻至正面。

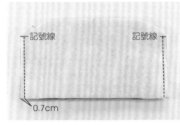

8 表布袋身兩片正面相對，記號線以下車縫0.7cm，固定左、右兩側。

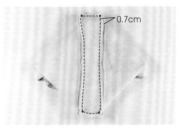

9 重複裡布袋身「步驟5-7」，完成表布袋身與袋底的車合。

10 裡布袋身放入表布袋身中，其中一側記號點以上未車縫的部分（端到記號點），車縫0.7cm，固定表／裡布。同法完成另三側的車縫。翻至正面。

11 袋口車縫0.3cm一整圈，固定表／裡布。

12 口金黏合。（黏合方式請參照P.19作法10-14）

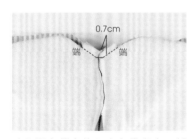

13 完成。

掀蓋式盒型口金包

盒子形狀的掀蓋式設計更便於在桌上使用，各就各位的內部規劃，
讓功能性更加強大。不僅能把最常用的物品放在隨手可用處，
並且也方便攜帶，正是盒型口金包的優點。

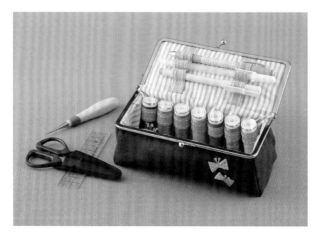

尺寸　高6.5×寬18.5×厚9cm

作法　P.45

紙型　A面

《材料》 縫份已內含

口金　18cm×9cm（高）
織帶　1.5cm（寬）×14cm×2條
　　　1.5cm（寬）×30cm×1條
裝飾燙貼　1組

依紙型A裁剪　袋蓋花布×1

依紙型B裁剪　袋身表布×1

依紙型A裁剪　袋蓋裡布×1

依紙型B裁剪　袋身裡布×1

依紙型A裁剪　袋蓋花布燙棉×1

依紙型B裁剪　袋身表布燙棉×1

牛皮紙紐繩　實際長度依口金
尺寸而定

《步驟》 襯棉類於車縫前事先燙好

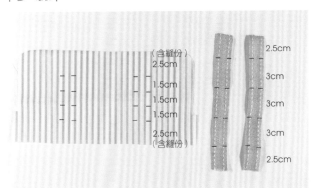

（含縫份）
2.5cm
1.5cm
1.5cm
1.5cm
2.5cm
（含縫份）

2.5cm
3cm
3cm
3cm
2.5cm

1 請依位置記號點在裡布袋蓋及
14cm織帶2條做記號。

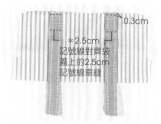

2　織帶對齊上方布邊，車縫
　0.3cm固定，2.5cm記號線對
　齊袋蓋上的2.5cm記號線，車
　縫直線固定。同法完成另一條
　織帶的車縫。

3　織帶上的3cm記號線分別對齊
　袋蓋上的1.5cm記號線，車縫
　直線固定。同法完成另一條織
　帶的車縫。織帶的底部則與布
　邊對齊，車縫0.3cm固定。

4　請依位置記號點在裡布袋身上
　做記號。

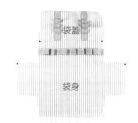

6　織帶對齊布邊，車縫0.3cm固
　定。織帶上的1cm記號線對齊
　袋身上的1cm記號線，車縫直
　線固定。接著，織帶上的4cm
　記號線，分別對齊裡布袋身上
　的2.5cm記號線，車縫直線固
　定。最後，另一端的1cm記號
　線同法車縫固定。

5　請依位置記號點在30cm織帶
　做記號。

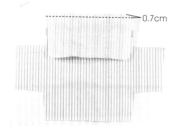

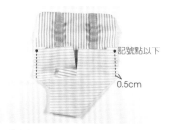

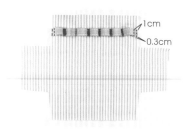

7　裡布袋蓋與裡布袋身正面相
　對，車縫0.7cm固定。

8　依紙型B的記號點，在裡布袋
　身上做記號（・）。

9　右側記號點（・）互相對齊，
　記號點以下車縫0.5cm固定。
　同法完成左側車縫。

10　盒身尚未車合的部分，右側布
　　邊對齊，車縫0.5cm固定，接
　　著左側布邊對齊，車縫0.5cm
　　固定，組合成長方形盒身。翻
　　至正面。

11　依個人喜好位置，在表布袋身
　　上燙上燙貼。
　　※提醒：此處的燙貼，要顛倒方
　　向燙在表布上，組合成盒身時，
　　才會是正向。

12　花布袋蓋與表布袋身正面相
　　對，車縫0.7cm固定。

 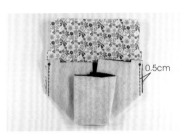 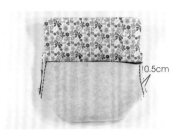

13 依紙型B的記號點，在表布袋身上做記號（·）。

14 右側記號點（·）互相對齊，記號點以下車縫0.5cm固定。同法完成左側車縫。

15 盒身尚未車合的部分，同「步驟10」布邊對齊，車縫0.5cm固定，組合成長方形盒身。

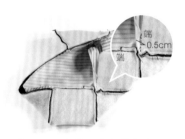  

端
0.5cm
端

16 裡布袋身裝入表布袋身中，正面相對，記號點以上未車縫的部分（端至記號點），分別車縫0.5cm，固定表／裡布。

17 翻至正面，袋蓋表／裡布車縫0.3cm固定。

18 袋口表／裡布車縫0.3cm固定。

19 先黏合袋蓋口金，口金的接合處要對齊袋蓋與袋身的接合線。（黏合方式請參照P.19作法10-14）

20 黏合袋身口金。（黏合方式請參照P.19作法10-14）

21 完成。

夾層手機長夾包

尺寸　高12.5×寬18.5×厚2.5cm

作法　P.50

紙型　A面

以口金兩側軸心作為夾層布的高度參考，
搭配恰到好處的袋身深度，能讓物品更容易取出，
外加細心的鋪棉，加強對手機的保護。

{材料} 縫份已內含

口金　18cm×4.5cm（高）

依紙型A裁剪　袋身表布×2

依紙型A裁剪　袋身裡布×2

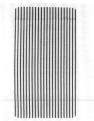

依紙型B裁剪　卡片層裡布×1

依紙型A裁剪　袋身表布燙棉×2

依紙型B裁剪　卡片層薄襯×1

牛皮紙紐繩　實際長度依口金
尺寸而定

{步驟} 襯棉類於車縫前事先燙好

0.7cm

1　裡布袋身底角分別對齊，車縫
　0.7cm固定。

2　依紙型B上的記號點★及●在
　卡片層裡布正面做記號。

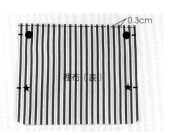

0.3cm

裡布（表）

3　卡片層裡布正面朝外對折，對
　折處車縫0.3cm裝飾線。

4　★記號點的部分正面朝外反折，反折處車縫0.3cm裝飾線。

5　步驟4的★記號點反折部分對齊●記號點，左、右兩側車縫0.5cm固定。中央部分車縫分隔線，製作卡片隔間。同法完成另一側的卡片隔間製作。

6　卡片層正面朝外對折，卡片層前、後片兩側及底部車縫0.5cm固定。

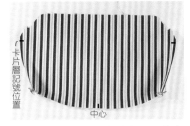

7　取一片裡布袋身依紙型A的卡片層記號位置標示記號，並找出底部中心點

8　卡片層對齊步驟7的記號點及底部中心點，兩側及底部車縫0.5cm固定於裡布袋身上。

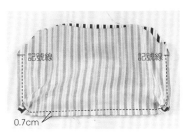

9　裡布袋身兩片正面相對，由記號線開始車縫0.7cm至另一側記號線。翻至正面。

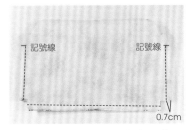

10　表布袋身兩片正面相對，左、右兩側記號線以下部分及底部車縫0.7cm固定。

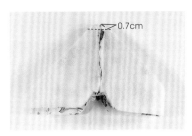

11　底角車縫0.7cm固定。同法完成另一側的底角車縫。

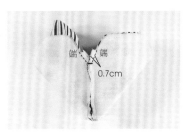

12　裡布袋身放入表布袋身中，正面相對，其中一側記號點以上未車縫的部分（端到記號點），車縫0.7cm，固定表／裡布。同法完成另三側的車縫。

13　翻至正面，車縫0.3cm，固定前片袋口表／裡布。同法完成後片袋口表／裡布的車縫。

14　黏合口金。（黏合方式請參照P.19作法10-14）

15　完成。

手縫花朵口金包

突破口金框架的袋身設計，飯糰似的討喜外型能容納更多物品。
花朵造型、面積加大的轉釦，不費太多力氣就能輕鬆開關。

尺寸	高11.5×寬18.5×厚4cm
作法	P.53
紙型	B面

{材 料} 縫份已內含

手縫口金　13cm×6cm（高）

依紙型裁剪　表布×2

依紙型裁剪　裡布×2

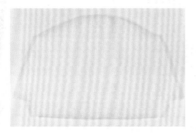

依紙型裁剪　表布燙棉×2

{步 驟} 襯棉類於車縫前事先燙好

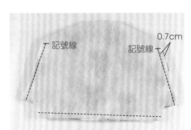

1　表布兩片正面相對，左、右兩側記號線以下部分及底部車縫0.7cm固定。

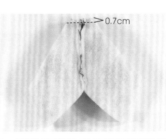

2　側邊接縫線與底部接縫線對齊，車縫0.7cm完成底角車縫。同法完成另一側的底角車縫。

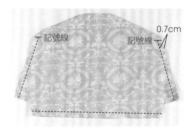

3　裡布兩片正面相對，左、右兩側記號線以下部分及底部車縫0.7cm固定。

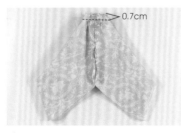

4　側邊接縫線與底部接縫線對齊，車縫0.7cm完成底角車縫。同法完成另一側的底角車縫。翻至正面。

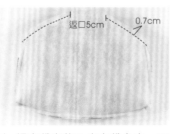

5　裡布袋身放入表布袋身中，正面相對，上方留返口5cm，袋口車縫0.7cm一整圈。由返口翻至正面，返口藏針縫縫合。

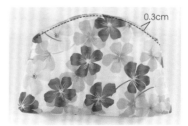

6　袋口車縫0.3cm一整圈，固定表／裡布。

 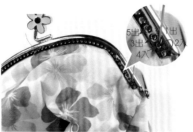 

7 找出口金的中心點,對齊袋身袋口中心點,先縫兩針固定口金與袋身。
※提醒:袋口要推至口金最上方。

8 口金接合處要對齊前、後片袋身車合線,針由第二個孔穿出,再穿回第一個孔洞中,以全回針方式往另一端縫。
※提醒:頭兩個孔洞,可重複兩次全回針縫法。

9 縫到中心點前,請將步驟7的固定縫線先拆除,再繼續縫,縫至另一端後,第一及第二孔洞一樣重複兩次全回針縫法。同法完成另一側的口金縫合。

10 完成。

平口雙層化妝包

特殊的三珠口金轉鈕設計，可選擇性地只開啟單側袋身。
隔間口金平行於袋口口金，讓兩側的物品不會互相混雜，
是能聰明使用的魅力款式。

尺寸	高11×寬20×厚3cm
作法	P.56
紙型	B面

{材料} 縫份已內含

口金　16.8cm×5.7cm（高）

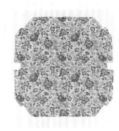

依紙型A裁剪　袋身表布×1

依紙型B裁剪　袋身裡布×2

依紙型C裁剪　內口袋裡布×1

依紙型A裁剪　袋身表布厚布襯×1
依紙型B裁剪　袋身裡布厚布襯×1
（燙在其中一片裡布背面）

牛皮紙紐繩　實際長度依口金
尺寸而定

{步驟} 襯棉類於車縫前事先燙好

1　內口袋上、下方車縫鋸齒狀包
　　邊。

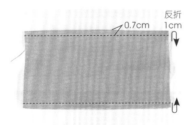

2　上、下方往內反折1cm，車縫
　　0.7cm固定。

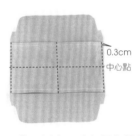

3　內口袋兩側中心點與裡布袋身
　　（有燙襯的）兩側中心點對
　　齊，中央車縫一直線，左、右
　　兩側車縫0.3cm固定，口袋隔
　　間則隨個人喜好車縫。

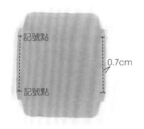

4　兩片裡布袋身正面相對，由一
　　端記號點車縫0.7cm至另一端
　　記號點。

5　有燙襯的裡布袋身正面相對，
　　將記號點上方未車縫的部分
　　（端到記號點），車縫0.7cm
　　固定。※提醒：車縫時，不要車
　　縫到沒有燙襯的裡布袋身。

6　翻至正面，有燙襯的裡布袋身
　　背面相對，袋口車縫0.3cm固
　　定。

記號點　　記號點
0.7cm

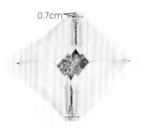

0.7cm

端　　端
0.7cm

7 表布袋身正面相對對折，兩側記號點以下分別車縫0.7cm固定。

8 摺出底角，車縫0.7cm固定。

9 裡布袋身放入表布袋身中，沒有燙襯的裡布袋身正面與表布袋身相對，將一側記號點上方未車縫的部分（端到記號點），車縫0.7cm固定。同法完成另三側的車縫。
※提醒：車縫時，不要車縫到有燙襯的裡布袋身。

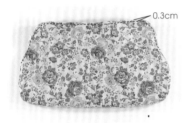

0.3cm

10 翻至正面，車縫一側袋口0.3cm，固定表／裡布。同法完成另一側袋口車縫。

11 先黏合兩側外層口金，最後再黏合中間口金。（黏合方式請參照P.19作法10-14）

12 完成。

底角外折口金包

袋底兩側的外折底角，提供細膩的側身裝飾變化。
跳脫固定的製作模式，小細節就能成為品味之處。

尺寸	高13×寬15×厚4cm
作法	P.59
紙型	B面

{材料} 縫份已內含

口金　12cm×5.4cm（高）

依紙型裁剪　袋身表布×1

依紙型裁剪　袋身裡布×1

依紙型裁剪　袋身表布厚布襯×1

牛皮紙紐繩　實際長度依口金尺寸而定

{步驟} 襯棉類於車縫前事先燙好

1 表布袋身側邊中心點左、右各2cm做記號。

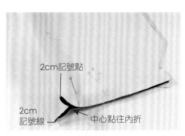

2 表布袋身正面相對對折，中心點往內折，左、右2cm的記號線分別對折對齊。

3 表布袋身兩側記號線以下車縫0.5cm固定。

※提醒：步驟2的打褶部分一併車縫。

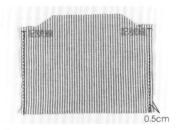

4 裡布袋身正面相對對折，記號線以下車縫0.5cm，固定左、右兩側。

5 裡布袋身摺出4cm底角，車縫固定。

6 以步驟5的車縫線為基準，往下0.5cm畫記號線，將記號線以外的部分剪掉。翻至正面。

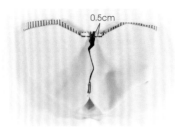  

7　裡布袋身放入表布袋身中，正面相對，其中一側記號線以上未車縫的部分，車縫0.5cm，固定表／裡布。同法完成另一側的車縫。

8　翻至正面，袋口車縫0.3cm一整圈，固定表／裡布。

9　口金黏合。（黏合方式請參照P.19作法10-14）

10　完成。

親子口金包

親子口金的袋中袋特色，依使用頻繁度或重要性分類在親包跟子包中，帶著暗藏玄機的樂趣。

尺寸　高14×寬15×厚2cm

作法　P.62

紙型　B面

{材 料}　縫份已內含

口金　13cm×5.5cm（高）

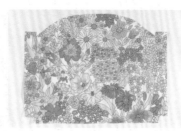

依紙型A裁剪
親口金袋身　表布×2

依紙型B裁剪
子口金袋身　表布×2

依紙型A裁剪
親口金袋身　裡布×2

依紙型B裁剪
子口金袋身　裡布×2

依紙型A裁剪
親口金袋身　表布燙棉×2

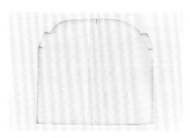

依紙型B裁剪
子口金袋身　表布薄襯×2

牛皮紙紐繩　實際長度依口金尺寸而定

{步 驟}　襯棉類於車縫前事先燙好

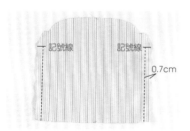

1 子口金裡布兩片正面相對，記號線以下車縫0.7cm，固定兩側。翻至正面。

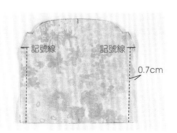

2 子口金表布兩片正面相對，記號線以下車縫0.7cm，固定兩側。

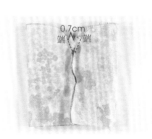

3 子口金裡布袋身放入子口金表布袋身中，將一側記號線以上未車縫的部分（端到記號點），車縫0.7cm，固定表／裡布。同法完成另三側車縫。

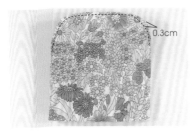

4 翻至正面，袋口車縫0.3cm—整圈，固定表／裡布。

5 子口金袋身底部中心點對齊其中一片親口金裡布袋身底部中心點，袋底車縫0.3cm固定。

6 親口金裡布袋身兩片正面相對，記號線以下兩側及底部車縫0.7cm固定。

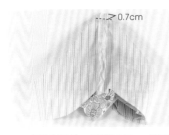

7 摺出底角，車縫0.7cm固定。翻至正面。

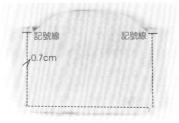

8 親口金表布袋身兩片正面相對，記號線以下兩側及底部車縫0.7cm固定。

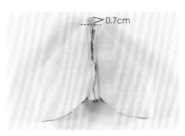

9 摺出底角，車縫0.7cm固定。

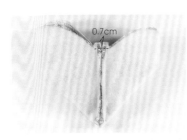

10 親口金裡布袋身放入親口金表布袋身中，其中一側記號線以上未車縫的部分，車縫0.7cm，固定表／裡布。同法完成另一側車縫。

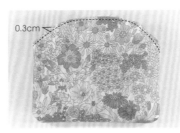

11 翻至正面，袋口車縫0.3cm—整圈。

12 口金黏合。（黏合方式請參照P.19作法10-14）
※提醒：先黏合子口金部分，完成後，再黏合親口金。

13 完成。

外支架褶皺手挽包

尺寸 高22×寬17.5×厚10cm

作法 P.66

紙型 B面

褶皺袋口襯托手挽口金支架外顯的特色，
別有一番自信優雅風情。

口金　15cm×15cm（高）

依紙型A裁剪　袋身表布×2

依紙型B裁剪　袋底表布×1

依紙型A裁剪　袋身裡布×2

依紙型B裁剪　袋底裡布×1

依紙型A裁剪　袋身表布薄襯×2

紙型B裁剪　底表布薄襯×1

{步驟} 襯棉類於車縫前事先燙好

1　依記號標示，將前片裡布袋身的右側
　1.5cm部分，往內反折1cm，並車縫
　0.5cm固定，相同方式完成左側的車縫。
　接著同法完成後片裡布袋身左、右兩側
　1.5cm部分的車縫。

2　袋身表布請參照「步驟1」的作法，將
　1.5cm部分往內反折1cm，並車縫0.5cm
　固定。同法完成前、後片其他側的車縫。

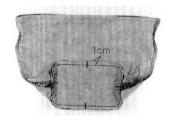

3　表布袋身兩片正面相對,兩側記號線以下分別車縫1cm固定。

4　表布袋底找出4邊中心點,分別與表布袋身底部中心點及側邊對齊,車縫1cm固定,圓弧處剪牙口。

5　裡布袋身兩片正面相對,兩側記號線以下分別車縫1cm固定,其中一側須留返口8cm。

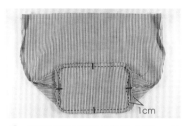

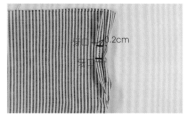

6　裡布袋底找出4邊中心點,分別與裡布袋身底部中心點及側邊對齊,車縫1cm固定,圓弧處剪牙口。

7　裡布袋身分別在距離步驟1的1.5cm記號線外約0.2cm處,各剪一道0.7cm的牙口。同法完成表布的牙口剪裁。

8　裡布袋身翻至正面,將其放入表布袋身中,正面相對,避開步驟2的1.5cm處,袋口左、右兩側與上方車縫1cm,固定表/裡布。同法完成另一側袋口車縫。

9　袋身1.5cm以下的部分到步驟3記號線以上未車縫部分,車縫1cm,固定表/裡布。完成後,由返口翻至正面,返口藏針縫縫合。

10　袋口往下3cm先畫記號線,袋口及左、右兩側車縫0.2cm裝飾線,連接3cm記號線車縫,將此四條線連成一個長方形。同法完成另一側袋口的車縫。

11　以步驟10的3cm記號線為基準,再往下1.5cm畫一條記號線(前、後片都要畫)。由前片開始沿此記號線車縫至側邊,側邊部分沿著V型車縫0.2cm,再沿記號線車縫至後片,最後車縫另一端側邊V型,完成整圈袋身的車縫。

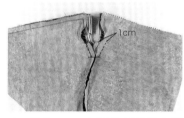

12　將口金的橫桿分別穿入前、後袋身1.5cm的軌道中,並鎖上螺帽。

13　完成。

托特＆斜背口金組合包

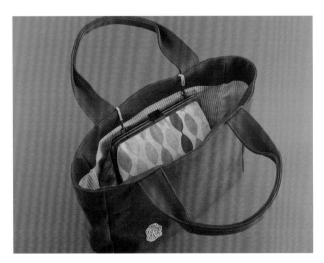

尺寸　高26×寬30×厚10.5cm
　　　高20×寬24×厚6cm

作法　P.71

紙型　B面

利用麂皮繩問號鉤與口金兩端的圓耳，

作為大小包彼此組合的方式，提供包內有條不紊的整齊感。

口金包既是袋中袋，也是可以獨立使用的斜背包。

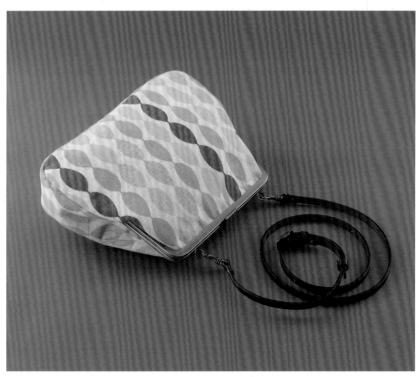

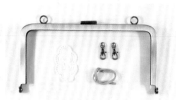

a. 口金　18cm×9cm（高）
b. 蕾絲布標×1　c. 問號鉤×2
d. 麂皮繩　7cm×2

□金包

依紙型A裁剪　袋身表布×2

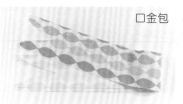

□金包

依紙型B裁剪　側袋身表布×1

□金包

依紙型A裁剪　袋身裡布×2

□金包

依紙型B裁剪　側袋身裡布×1

□金包

依紙型A裁剪　袋身表布燙棉×2
　　　　　　（不外加縫份）

□金包

依紙型B裁剪　側袋身表布燙棉×1
　　　　　　（不外加縫份）

托特包

依紙型C裁剪　袋身表布×2

托特包

側袋身表布　‡80.5×10cm×1片

托特包

手把表布　‡42×6cm×4條
　　　　（不外加縫份）

托特包

見返表布　（上）‡5×10cm×2片
　　　　　（下）‡5×30.5cm×2片

托特包

依紙型D裁剪　袋身裡布×2片

托特包

側袋身裡布　‡70.5×10cm×1片

托特包

皮革斜背帶×1
內口袋裡布　‡29.5cm×16.5cm×1片
　　　　　（不外加縫份）

牛皮紙紐繩　實際長度依口金
　　　　　　尺寸而定

{步驟}　襯棉類於車縫前事先燙好

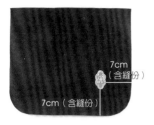

1 蕾絲布標車縫在托特包表布袋身上。

2 側袋身與表布袋身正面相對，對齊中心點及兩端袋口布邊，車縫1cm固定。同法完成另一側的袋身車合。翻至正面。

3 手把表布長邊兩側往內反折1cm。同法完成另外三片手把表布。

4 取兩片手把表布背面相對，長邊車縫0.3cm裝飾線。同法完成另一條手把。

5 取手把中心點左、右各10cm做記號並對折，車縫0.3cm裝飾線。同法完成另一條手把。

6 袋口中心點左、右各6.5cm做記號，將手把與袋身正面相對，布邊對齊車縫0.5cm固定。同法完成另一側手把車縫。

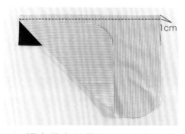

7 裡布袋身與見返正面相對，車縫1cm固定。同法完成另一側見返車縫。

8 縫份倒向見返，並於裡布袋身正面車縫0.3cm裝飾線固定縫份。同法完成另一側車縫。

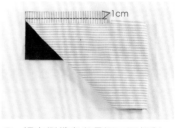

9 裡布側袋身與見返正面相對，車縫1cm固定。同法完成另一側見返車縫。

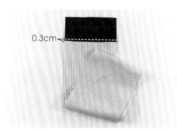

10 縫份倒向見返，並於裡布側袋身正面車縫0.3cm裝飾線固定縫份。同法完成另一側車縫。

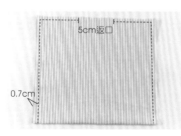

11 內口袋正面相對對折，留返口5cm，布邊車縫0.7cm固定。由返口翻至正面，返口藏針縫縫合。

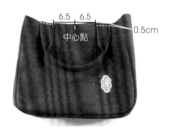

12 內口袋袋口車縫0.3cm裝飾線。

13 將內口袋車縫0.2cmⅡ型固定
於其中一片裡布袋身上。

14 側袋身與裡布袋口正面相對，
中心點及兩端袋口布邊對齊，
底部留返口18cm，布邊車縫
1cm固定。同法完成另一側
的袋身車合（此側不須留返
口）。

15 麂皮繩穿入問號鉤，於裡布
袋身袋口正面中心點左、右
各6cm做記號，麂皮繩車縫
0.5cm固定於袋身上。

16 表布袋身放入裡布袋身中，正
面相對，袋口車縫1cm一整
圈。由返口翻至正面，返口藏
針縫縫合。

17 袋口車縫0.3cm裝飾線一整
圈。

18 口金表布側袋身中心點與袋身
中心點相對，側袋身左、右兩
側的尖點記號點（▲）分別與
袋身上的記號點（▲）互相對
齊（由尖點下針開始車縫至另
一側尖點），布邊車縫0.7cm
固定。同法完成另一側袋身的
車合。翻至正面。

19 同「步驟18」的作法，將口
金裡布袋身與側袋身布邊車縫
0.7cm固定。

20 表布袋身放入裡布袋身中，正
面相對，上方留返口8cm，
袋口車縫0.7cm一整圈。完成
後，側袋身的V型部分須剪牙
口。由返口翻至正面，返口藏
針縫縫合。

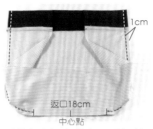

21 袋口車縫0.3cm裝飾線一整
圈，固定表／裡布。

22 口金黏合。（黏合方式請參照
P.19作法10-14）

23 口金包完成。

24 完成。

前口袋斜背口金包

尺寸 　高21×寬19×厚7cm

作法 　P.74

紙型 　B面

以對比色的鑲邊，突顯前口袋的存在，
像微笑般的上揚的線條，讓袋型在簡約中透著柔和感。

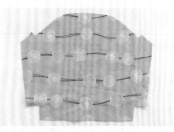

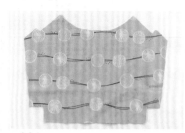

口金　21cm×10.5cm（高）
鏈條　120cm×1條

依紙型A裁剪　袋身表布×2

依紙型B裁剪　前口袋表布×1

依紙型A裁剪　袋身裡布×2

依紙型B裁剪　前口袋裡布×1
（口袋上方圓弧處，請外加縫份
1cm）

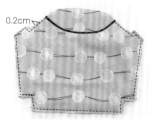

依紙型A裁剪　袋身表布燙棉×2

牛皮紙紐繩　實際長度依口金尺寸而定

〔步 驟〕　襯棉類於車縫前事先燙好

1cm

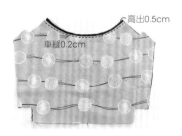

高出0.5cm

車縫0.2cm

0.2cm

1　前口袋表布與裡布正面相對，
對齊上方圓弧處，袋口車縫
1cm固定，圓弧處剪牙口。翻
至正面。

2　前口袋表／裡布袋底對齊，
圓弧處的裡布比表布高出
0.5cm，於表布圓弧處車縫
0.2cm裝飾線。

3　前口袋兩側及底部車縫0.2cm
固定於前片袋身上。

4 表布袋身兩片正面相對，記號線以下左、右兩側及底部車縫1cm固定。

5 摺出底角，車縫1cm固定。

6 裡布袋身兩片正面相對，記號線以下左、右兩側及底部車縫1cm固定。

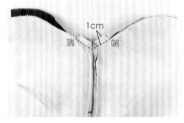

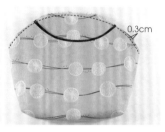

7 摺出底角，車縫1cm固定。翻至正面。

8 裡布袋身放入表布袋身中，正面相對，記號線以上未車縫部分，車縫1cm固定。同法完成另一側車縫。翻至正面。

9 袋口車縫0.3cm一整圈，固定表／裡布。

10 口金黏合。（黏合方式請參照P.19作法10-14）

11 完成。

經典方形口金包

以方形口金及包繩勾勒出袋身的線條，端莊大方的設計也能搭配
較正式的穿著。同色系的可調式提把，無論肩背、斜背皆宜。

尺寸　高22×寬31×厚8cm

作法　P.78

紙型　B面

{材 料} 縫份外加0.7cm／除特別註明外

a.口金24cm×9cm（高）
b.2.5cm鉤環×2個
c.2.5cm日環×1個
d.釦子×1顆
e.蠟繩78cm×2條

依紙型A裁剪　袋身表布×2

依紙型B裁剪　側袋身表布×1

斜布條　2.5cm×78cm×2條
（不外加縫份）

依紙型A裁剪　袋身裡布×2

依紙型B裁剪　側袋身裡布×1

內口袋裡布　↕27.5cm×17.5cm
（不外加縫份）

依紙型A裁剪　袋身表布燙棉×2
（不外加縫份）

依紙型B裁剪　側袋身表布燙棉×1
（不外加縫份）

花布條　上：↕1.5cm×17cm
　　　　下：↕2.5cm×40cm
（不外加縫份）

肩背帶表布　↕90cm×6cm×1條
（不外加縫份）

牛皮紙紐繩　實際長度
依口金尺寸而定

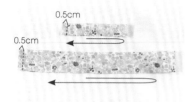

1　花布條分別正面相對對折，車縫0.5cm，接合成環狀。翻至正面。

2　在花布圈的正面內側距布邊約0.5cm處平針縫一整圈，將線收緊抽皺，以此法分別完成大花與小花的縫製。

3　小花疊於大花之上，先縫幾針固定，再依個人喜好位置，連同釦子一同手縫固定於其中一片表布袋身上。

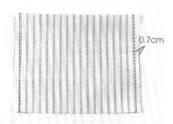

4　斜布條對折後，放入蠟繩，使用拉鍊壓布腳，緊靠蠟繩車縫固定，完成出芽條的製作。

5　表布袋身由記號點開始車縫0.5cm固定出芽條。
※提醒：出芽條兩端可超出袋身1cm，袋身成型收邊會較完整。

6　表布側袋身中心點與袋身中心點相對，側袋身左、右兩側的尖點記號點（▲）分別與袋身上的記號點（▲）對齊，布邊車縫0.7cm固定。同法完成另一側袋身的車合。翻至正面。

7　內口袋正面相對對折，左、右兩側分別車縫0.7cm固定。

8　翻至正面。上方對折處車縫0.2cm裝飾線。

9　內口袋下方中心點對齊裡布袋身袋底中心點，袋底車縫0.2cm固定於裡布袋身上。

10 裡布側袋身中心點與袋身中心點相對,側袋身左、右兩側的尖點記號點(▲)分別與袋身上的記號點(▲)對齊,布邊車縫0.7cm固定。同法完成另一側袋身的車合。

11 表布袋身放入裡布袋身中,上方留返口12cm,袋口車縫0.7cm一整圈。完成後,側袋身的V型部分須剪牙口。由返口翻至正面,返口藏針縫縫合。

12 袋口車縫0.3cm一整圈。

13 口金黏合。(黏合方式請參照P.19作法10-14)

14 肩背帶兩側長邊往內反折0.7cm。

15 縫份反折後的肩背帶再對折,兩側車縫0.2cm裝飾線。

16 左、右兩短邊車縫鋸齒狀包邊。

17 肩背帶一端先穿入日環,再穿入鉤環,最後由日環背面穿出長度約1.5cm預留。

18 將預留的1.5cm肩背帶車縫0.3cm及0.7cm固定。

19 肩背帶另一端穿入鉤環,反折1.5cm,車縫0.3cm及0.7cm固定。

20 完成。

超大口金肩背包

尺寸　高25/40×寬33×厚10cm

作法　P.82

紙型　B面

改變背帶的吊掛位置，袋身可變化成兩種使用方式。
配合內容物的多寡，以大包及反折包來對應，
鮮明的特徵帶來與眾不同的時尚感。

a.口金　30cm×14cm（高）
b.D環　2.5cm×2個
c.鉤環　2.5cm×2個
d.日環　2.5cm×1個
e.四合壓釦　1.5cm×1組
f.織帶　2.5cm×120cm×1條
　　　（長度可隨個人需求調整）

依紙型A裁剪　袋身表布×2片

依紙型B裁剪　前口袋表布×1片

依紙型A裁剪　袋身裡布×2片

紙型B裁剪　前口袋裡布×1片

內口袋裡布　↕32×20cm×1片

依紙型A裁剪
袋身表布厚布襯×2片

口袋包邊布　配色素布（斜紋布）
　　　　　　4×40cm×1條
D環用布　表布
　　　　　↕8×6cm×2片

牛皮紙紐繩　實際長度
　　　　　　依口金尺寸而定

【步驟】 襯棉類於車縫前事先燙好

1　織帶兩端車縫鋸齒狀。

2　織帶一端先穿入日環，再穿入
　鉤環。

3　以日環的中間橫桿為基準，織
　帶先穿入橫桿上方（靠近織帶
　表面這一處），接著織帶往回
　由橫桿的下方穿出，穿出的部
　分約1.5cm-2cm即可。

4 將穿出的1.5cm-2cm織帶車縫0.3cm以及0.5cm固定於靠內側的織帶上。

5 在另一側織帶上先做4cm記號線，穿入鉤環後反折，織帶對齊4cm記號線，車縫0.3cm及0.5cm固定。

6 將口袋包邊布的長邊對折燙平。

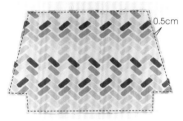

7 口袋包邊布兩側再分別往內反折對齊中心線，燙出1cm折痕。

8 外口袋表／裡布背面相對，布邊車縫0.5cm一整圈固定。

9 口袋包邊布與外口袋裡布正面相對，車縫0.8cm固定。

10 外口袋翻至正面，口袋包邊布由外口袋裡布翻折至表布（折起的布邊要剛好蓋住步驟9的車縫線），車縫0.2cm固定包邊布，再將兩側多餘的包邊布剪掉。

11 外口袋置放於前片表布袋身上，左、右兩側及底部車縫0.5cm固定。

12 依記號位置，釘上四合釦在外口袋以及前片表布袋身上。
※提醒：包邊布上方至四合釦中心點距離為2cm。

13 D環用布的兩側長邊與短邊分別往內反折0.7cm燙平。

14 四邊皆折燙好的D環用布再分別對折短邊燙平。

15 將D環用布穿入D環。

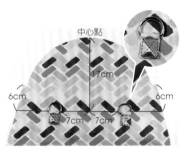

16 依記號位置，將D環用布車縫
在後片表布袋身上。
※提醒：D環用布對折處對齊
6cm記號線。

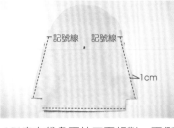

17 表布袋身兩片正面相對，兩側
記號線以下及底部分別車縫
1cm固定。

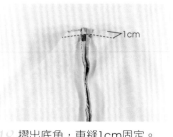

18 摺出底角，車縫1cm固定。

19 內口袋布正面相對對折，留返
口6cm，布邊車縫1cm固定。
由返口翻至正面，返口藏針縫
縫合。

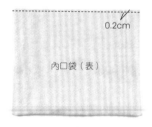

20 內口袋袋口車縫0.2cm裝飾
線。

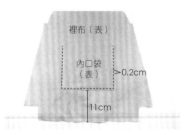

21 將內口袋車縫0.2cm凵型固定
於其中一片裡布袋身上。

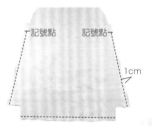

22 裡布袋身兩片正面相對，兩側
記號點以下及底部分別車縫
1cm固定。

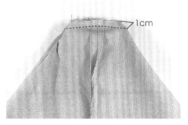

23 摺出底角，車縫1cm固定。裡
布袋身翻至正面。

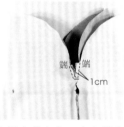

24 裡布袋身放入表布袋身中，正
面相對，其中一側記號點以
上未車縫的部分（端到記號
點），車縫1cm固定。同法完
成另三側車縫。

25 翻至正面，袋口車縫0.3cm一
整圈，固定表／裡布。

26 黏合口金。（黏合方式請參照
P.19的作法10-14）

27 完成。

方口金雞眼釘肩背包

最受喜愛的支架口金款式，方口尺寸在開關置物時非常容易使用，
更是袋身自然而然挺直好看的秘訣，
連帶也讓使用的布料花色更容易展現魅力。

尺寸　高24×寬29×厚10cm

作法　P.86

紙型　B面

縫份外加1cm／除特別註明外

a.方口金　24cm×6.5cm（高）
b.拉鍊　40cm×1條

依紙型A裁剪　袋身表布×2
（上方縫份為0.7cm）

依紙型B裁剪
前、後片口袋表布×4

依紙型A裁剪　袋身裡布×2
（上方縫份為0.7cm）

依紙型A裁剪　袋身表布厚布襯×2
（上方縫份為0.7cm）

內口袋裡布　↕29.5×21.5cm×1片
（不用外加縫份）

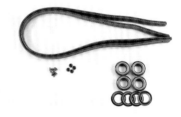

依紙型B裁剪　外口袋厚布襯×2
（燙於其中2片口袋表布上）

a.拉鍊皮片　7cm×3cm×2片
　　　　　　＋6×6鉚釘4組
b.皮革條　10cm×0.7cm×1條
　　　　　　＋6×6鉚釘　1組

a.反折提把　1組＋8×8鉚釘4組
b.雞眼釘　28mm×4組

〈步驟〉 襯棉類於車縫前事先燙好

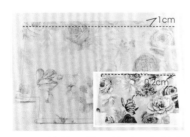

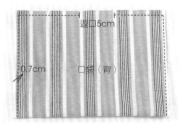

1 取前片口袋兩片（一有厚布襯，一無厚布襯）正面相對，袋口車縫1cm固定。同法完成另一側口袋車縫。將口袋翻至正面，袋口車縫0.2cm裝飾線。

2 取一側口袋車縫0.5cm固定左、右及底部於袋身上。同法完成另一側口袋及袋身車合。

3 內口袋正面相對對折，留返口5cm，布邊車縫0.7cm固定。由返口翻至正面，返口藏針縫縫合。

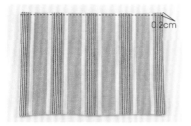

4　內口袋袋口車縫0.2cm裝飾線。

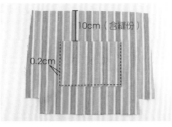

5　內口袋依記號位置車縫0.2cmㄩ型固定於其中一片袋身裡布上。

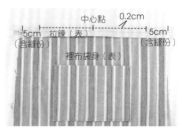

6　先在裡布袋身上方左、右兩側各往內5cm做記號，拉鍊背面與裡布袋身正面相對，中心點對齊，由5cm記號點開始車縫0.2cm至另一側的5cm記號點。

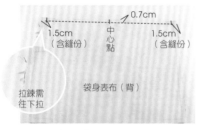

7　表布袋身左、右兩側各往內1.5cm做記號，再與步驟6的拉鍊（裡布袋身）正面相對，中心點對齊，由1.5cm記號點開始車縫0.7cm至另一側的1.5cm記號點。
※提醒：車縫時，步驟6的5cm記號點外沒有車縫固定的拉鍊部分盡量往下拉，不要跟表／裡布一起車縫。

8　將表布袋身翻至正面，表布袋身正面左、右兩側各往內1cm做記號，由1cm記號點開始車縫0.2cm至另一側的1cm記號點。

9　重複「步驟6-8」的作法，完成另一側袋身與拉鍊的車縫。

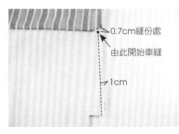

10　將兩片表布袋身正面相對，從預留拉鍊袋口處0.7cm縫份以下分別車縫1cm，固定左、右兩側（車縫縫份止點以下部分）。

11　底部車縫1cm固定。

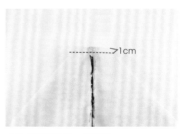

12　摺出底角，車縫1cm。

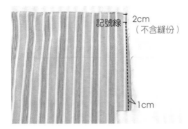

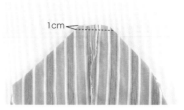

13 兩片裡布袋身正面相對，其中一側上方往下2cm（不含縫份）做記號，由此記號線往下車縫1cm固定。另一側則同「步驟10」的作法車縫1cm固定。

14 裡布袋身底部留返口18cm，其餘車縫1cm固定。

15 摺出底角，車縫1cm。由返口翻至正面，返口藏針縫縫合。

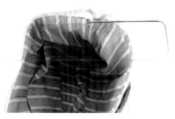

16 以袋口拉鍊的0.2cm裝飾線為基準，往下車縫2cm一整圈，呈現支架口金軌道。

17 由步驟13預留的2cm孔洞左、右兩側各裝入方口金。

18 兩側口金都裝入後，以藏針縫將孔洞縫合。

19 依記號位置安裝雞眼釘。
※提醒：外口袋袋口至雞眼釘中心點距離為2.5cm。

20 安裝反折提把。

21 安裝拉鍊皮片，拉鍊頭裝上皮革條。

22 完成。

基礎技巧

{ 藏針縫示範 }

※備註：實際製作時請使用與布料相近色的手縫線。

1 第一針由返口右側靠近身體這一側的布邊穿出起針。

2 接著往斜前方約0.2cm，由另一片布邊入針及出針。

3 同樣往斜前方約0.2cm，由身體這一側的布邊入針及出針。重複相同的步驟，將返口縫合。

4 一面縫合，一面將返口收緊。

{ 鉚釘示範 }

1 鉚釘組（鉚釘腳＆鉚釘帽）、打洞工具、撞釘工具、鉚釘安裝底座。

2 在需要的位置先打洞。

3 鉚釘腳由洞口穿出，並置放於安裝底座尺寸適合的孔洞上。

4 蓋上鉚釘帽。

5 撞釘工具置放於鉚釘帽上，敲打至鉚釘帽卡入鉚釘腳中。

6 完成。

89

〔四合釦示範〕

1 四合釦（凸釦／底座&凹釦／釦蓋）、組合工具&圓形鐵墊台、打洞工具。※備註：示範作品為可樂牌的四合釦及工具。

2 在需要的位置先打洞，然後將凸釦的底座由洞口穿出。

3 將凸釦置放於底座上，使用凹洞工具棒，敲打至凸釦均勻地卡入底座。※備註：圓形鐵墊台，平面朝上，墊在底座下方。

4 在需要的位置先打洞，然後將凹釦的釦蓋腳由洞口穿出。

5 將凹釦置放釦蓋腳上，使用凸洞工具棒，敲打至凹釦均勻地卡入釦蓋。※備註：圓形鐵墊台，凹面朝上，墊在釦蓋下方。

6 完成的凸釦、釦蓋與凹釦、底座。

〔雞眼釘示範〕

1 雞眼釘&墊片、打洞台、釦斬。

2 先在布上，畫上墊片的內圓。

3 將內圓剪掉。

4 雞眼釘由洞口穿出。

5 打洞台放置在墊板上。

6 「步驟4」的雞眼釘放置於打洞台上，剛好會卡在打洞台的凹槽，並將墊片蓋在雞眼釘上。

7 釦斬插入打洞台，用力敲打。

8 檢查墊片是否都已經均勻地嵌入雞眼釘中，如果有空隙，可以再使用釦斬補敲打。

9 完成。

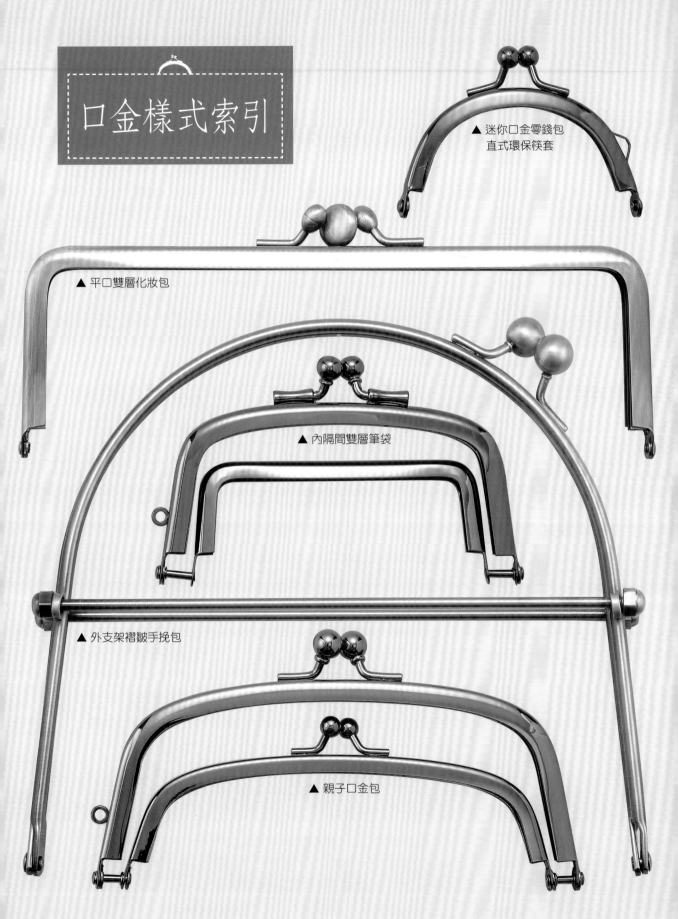

口金樣式索引

▲ 迷你口金零錢包
直式環保筷套

▲ 平口雙層化妝包

▲ 內隔間雙層筆袋

▲ 外支架褶皺手挽包

▲ 親子口金包

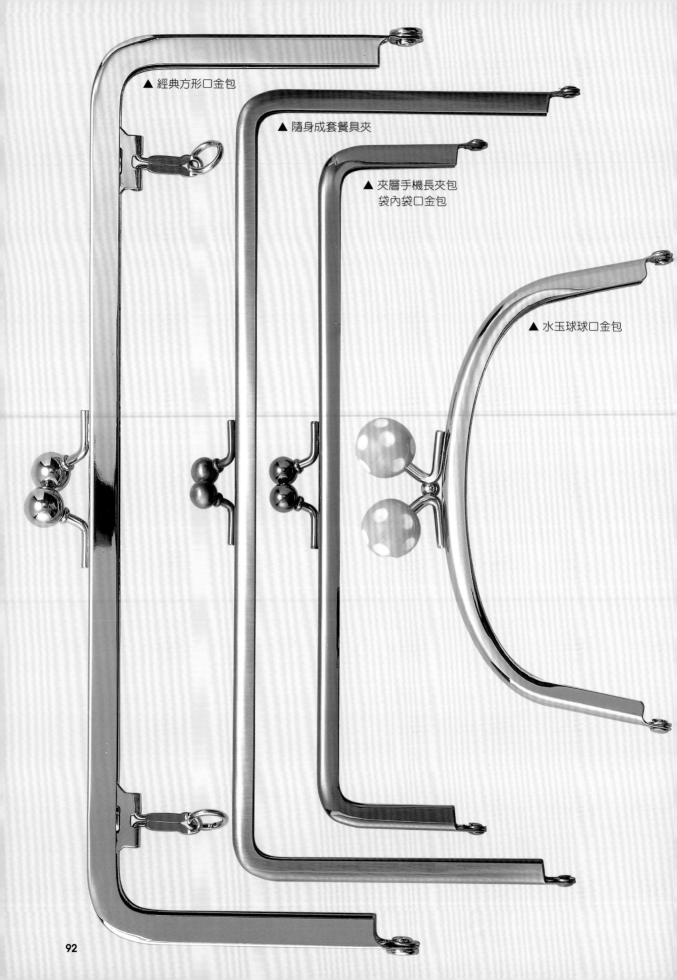

▲ 經典方形口金包

▲ 隨身成套餐具夾

▲ 夾層手機長夾包
袋內袋口金包

▲ 水玉球球口金包

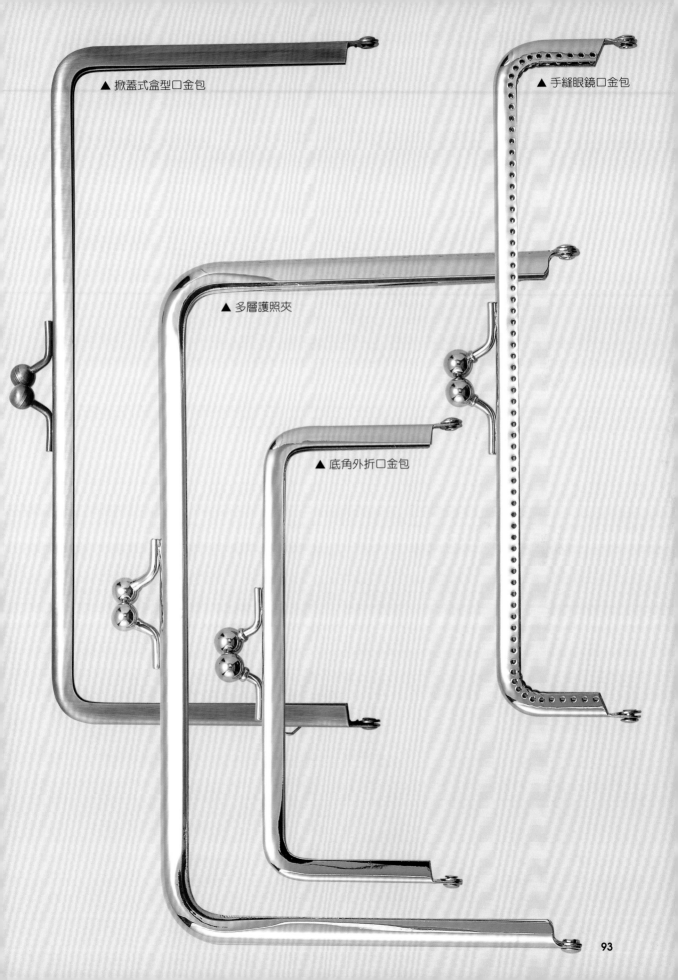

▲ 掀蓋式盒型口金包

▲ 手縫眼鏡口金包

▲ 多層護照夾

▲ 底角外折口金包

93

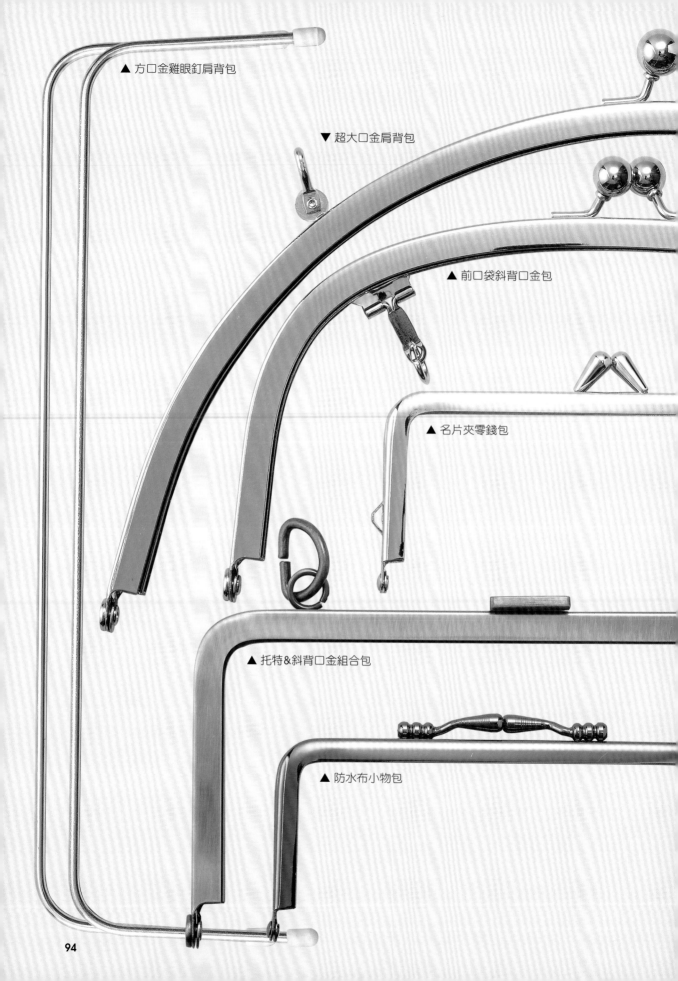

▲ 方口金雞眼釘肩背包

▼ 超大口金肩背包

▲ 前口袋斜背口金包

▲ 名片夾零錢包

▲ 托特&斜背口金組合包

▲ 防水布小物包

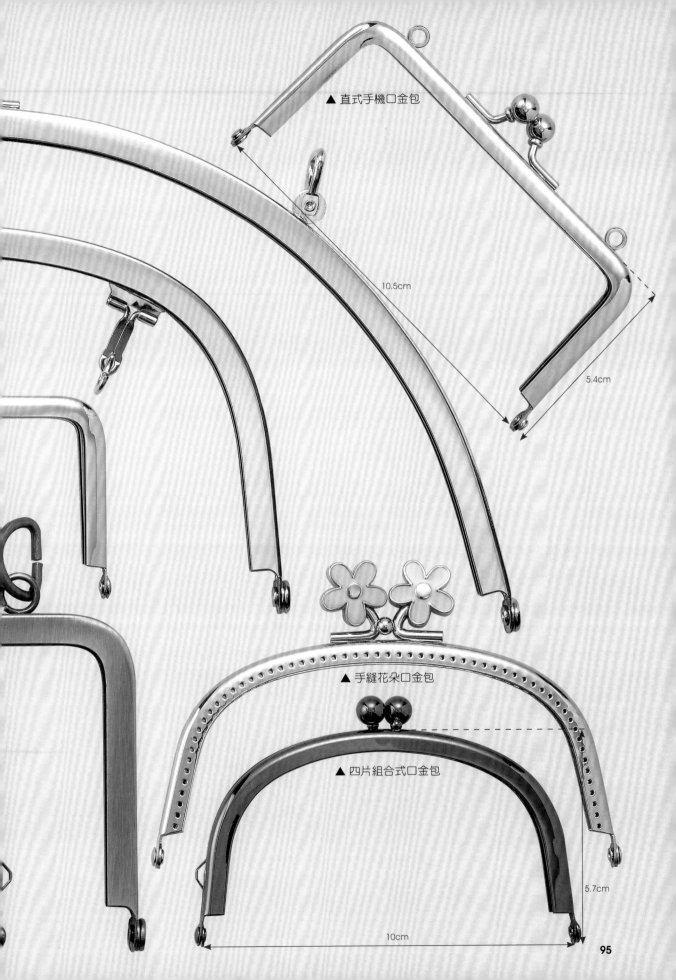

▲ 直式手機口金包

10.5cm

5.4cm

▲ 手縫花朵口金包

▲ 四片組合式口金包

5.7cm

10cm

國家圖書館出版品預行編目（CIP）資料

最愛口金包／艾娜娜作. -- 初版. -- 新北市：飛天手作，
2018.05
　　面；　公分. --（玩布生活；22）
ISBN 978-986-94442-6-2（平裝）

1.手提袋　　2.手工藝

426.7　　　　　　　　　　　　　　　107005754

玩布生活22

最愛口金包

作　　　者／艾娜娜
總 編 輯／彭文富
編　　　輯／張維文、吳佳珈
攝　　　影／蕭維剛
美術設計／曾瓊慧
紙型繪圖／龔靖倫
紙型排版／菩薩蠻數位文化有限公司

出版者／飛天手作興業有限公司
地址／新北市中和區中正路872號6樓之2
電話／（02）2222-2260・傳真／（02）2222-1270
廣告專線／（02）2222-7270・分機12 邱小姐
網址／www.cottonlife.com
臉書專頁／facebook.com/cottonlife.club
E-mail／cottonlife.service@gmail.com
■發行人／彭文富
■劃撥帳號／50141907　■戶名：飛天手作興業有限公司
■總經銷／時報文化出版企業股份有限公司
　電　話／（02）2306-6842
■倉　庫／桃園縣龜山鄉萬壽路二段351號
初版／2018年05月
定價／320元
ISBN／978-986-94442-6-2